# 李安的数学冒险

## 除法基础

韩国唯读传媒　著

邢青青　译

U0317175

江西高校出版社

# 快乐地学数学

面对当今高科技的数字化时代，数学素养是创新型人才的必备素养。

数学学科是一门符号性质的抽象学科，是思维的体操，因此"爱学""会学"数学应该是培育数学素养的主要渠道。三到十岁的孩子正处于以具体形象思维为主导形式逐步转向以抽象思维为主导形式的阶段，在面对他们时，如何才能让他们快乐地学数学、为数学素养打下基础呢？近期我阅读到一套科普漫画《李安的数学冒险》，这套书的架构和表述形式有一定的新意，并且对培养孩子的数学素养有很好的促进作用。

首先，这套书采用了卡通漫画的形式，并且在富有挑战性的故事中自然地插入这个年龄阶段该学的数学知识和概念。好奇心是孩子与生俱来的心理素养，孩子们对世界充满好奇，喜欢挑战、喜欢卡通人物以及他们的故事，所以这套书的形式和内容是符合这个年龄段孩子的心理需要的，因此这样的学习是快乐的。快乐的情绪就能产生"爱学"的行为，有了爱学数学的行为就有了主动学习数学的内驱力。

其次，本套书在数学知识的呈现上，可以较好地把孩子学习过程中使用的三种表征即动作表征、形象表征、符合表征和谐地结合起来。如《李安的数学冒险——加法和减法》这册书中关于学习进位加法这部分内容，从生活情境出发，从取盘子这件小事儿入手。书中人物先取了 29 个盘子，后又要取 7 个盘子，问一共取了多少盘子。本书在解答这个问题时层层递进，先把实际问题转化成模型，用模型表示 29 和 7 这两个数字，之后再引入数学符号 $\begin{array}{r} 29 \\ +\ 7 \\ \hline \end{array}$，这样的知识建构是符合这个年龄阶段孩子的认知规律的。

最后本套书能够注意在知识学习中渗透思维发展，让孩子在计算中学会思考，如《李安的数学冒险——加法和减法》这册书中关于进位加法的学习，在解答问题之前，先展示了孩子在学这部分知识时会出现的普遍性错误，如：

$$\begin{array}{r} 29 \\ +\ 7 \\ \hline 99 \end{array} \qquad \begin{array}{r} 29 \\ +\ 7 \\ \hline 16 \end{array} \qquad \begin{array}{r} 29 \\ +\ 7 \\ \hline 216 \end{array}$$

让孩子在判断正误时想一想、说一说，从中学会数位、数值的一些基本概念，再用模型验证进位的过程。

孩子在这样的学习过程中可以学会独立思考，学会思考是数学素养的核心素养，也是教育者送给孩子的最好礼物。

张梅玲，中国科学院心理所研究员

著名教育心理学家

长期从事儿童数学认知发展的研究

## ⚙ 人物介绍

**李安**（10岁）

现实世界的平凡学生，喜欢与魔幻有关的小说、游戏、漫画、电影，不喜欢数学。

武器：悠悠球。

**爱丽丝**（7岁）

魔幻世界的公主。富有好奇心。

武器：魔法棒。

**菲利普**（10岁）

魔幻世界的贵族，计算能力出众。剑术和魔法也比同龄人强。

武器：剑。

**诺米**（10岁）

喜欢冒险、活泼开朗的精灵族。图形知识丰富。使用图形魔法。

武器：弓。

## 帕维尔（10岁）

矮人族，擅长测量相关的数学知识。

武器：斧头，锤子。

## 吉利（13岁）

能变身为树木的芙萝族，学过所有的数学基础知识和魔法。

武器：琵琶。

## 沃尔特（33岁）

奥尼斯王宫的近卫队长，数学和魔法能力出众。擅长制造机器，为爱丽丝制造了一个机器人。

## 纳姆特

沃尔特为了保护爱丽丝而制造的机器人。

被李安击中之后成为了奇怪的机器人。

# 本书中的黑恶势力

## 佩西亚

想要称王的叛徒。为了抢夺智慧之星，他一直在追捕李安和爱丽丝。

武器：浑沌的魔杖。

## 西鲁克

佩西亚的忠诚属下，也是沃尔特的老乡。由于比不过沃尔特，总是排"老二"。所以他对沃尔特感到嫉妒和愤怒。

## 达尔干

奥尼斯领主德奥勒的亲信，但其实是佩西亚的忠诚属下。作为佩西亚的情报员，向佩西亚转达《光明之书》的秘密。

## 奴里麻斯

佩西亚的唯一的亲属，是佩西亚的侄子。从小在佩西亚的身边长大，盲目听从佩西亚。

# 旅程的开始

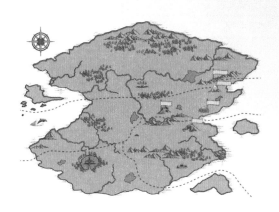

李安在现实世界是个不喜欢数学的平凡少年。

有一天，李安在博物馆里发现了一本书并连同书一起卷入了魔幻世界。

在魔幻世界，恶棍佩西亚占领了和平的特纳乐王国。

佩西亚用混沌的魔杖消除了世界上所有的数学知识。

没有了数学的魔幻世界陷入一片混乱。

沃尔特和爱丽丝好不容易逃出了王宫。

李安遇上沃尔特和爱丽丝，开始了冒险之旅……

# 目 录

1. 与奥托托、沃尔特的重逢 ·················1

 2. 魔法学校的派对 ··············51

3. 蜜蜂怪的袭击 ·················103

练习 ··········141

# 1. 与奥托托、沃尔特的重逢

马上要到达毛兹纳了。

哇, 好开心!

现在大家只能坐火车了!

没有啦, 纳姆特才是最棒的!

哼——

我们已经集齐两块碎片了!

这是什么?

是关于第三块碎片的地图吗?

不是,不是地图,好像是古代语。

《光明之书》上又出现了新的内容!

给我,让我纳姆特读给大家听!

可是你不识字啊!

古代语?

奥托托领主应该认得。

好,等到了毛兹纳给奥托托大人看一看吧。

可是我们要去毛兹纳的哪里呢?

不是去阿伯丁吗?

希望能早点儿找到奥托托领主……

没错! 要是再遇见可怕的叔叔们怎么办?

可怕的叔叔们?

之前我们在毛兹纳的街上……

小矮人叔叔们拦住了我们。

不会再发生那种事啦!

小矮人们也失去数学知识了吗?

是啊,
奥托托领主应该告诉大家了。

嗯, 所以奥托托大人很担心。

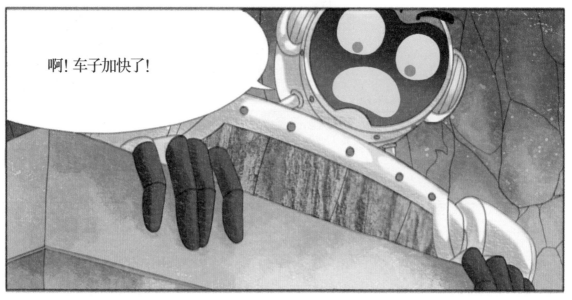

啊! 车子加快了!

是毛兹纳城!

耶!
是我的家乡!

欢迎大家来到毛兹纳!

咔嚓!

啊?

怎么了?

车子……

嗡嗡——

哼!
我也想走了!

不要!
纳姆特不要去别的地方!

唔,如果爱丽丝不想让我走的话……

我们能去里面吗?

也许奥托托领主正在等我们。

要一直等下去吗?

啊,门……

吱呀吱呀

我们先进去吧。

快来, 欢迎大家!

奥托托领主, 您好!

帕维尔,
很高兴见到你。

奥托托领主!

爱丽丝, 菲利普, 李安!

还有，这两位是诺米和吉利？

您怎么知道的？

哈哈哈，
你们现在出名了！

还有我呢？

哦，你就是那个很
特别的机器人吧？

找到第二块碎片了吗?

嗯, 奥托托领主, 我们找到了!

太了不起了!

可是奥托托领主,《光明之书》上出现了新的内容。

什么?

我们快进去看看。

还有人在等着你们。

太好了, 帕维尔!

您好, 叔叔!

哎呀, 你们也来了,
给你们这个!

哎哟。

哇啊

这是毛兹纳有名的毛兹面包。

一定很好吃!

现在可以吃吗?

好啊,把40个面包平均放到4个盘子里吃吧。

为什么要分到4个盘子里?

因为这里只有4个盘子。

要怎么平均分配呢?

啊, 有2个盘子的面包比另外2个盘子的面包多!

真的吗?

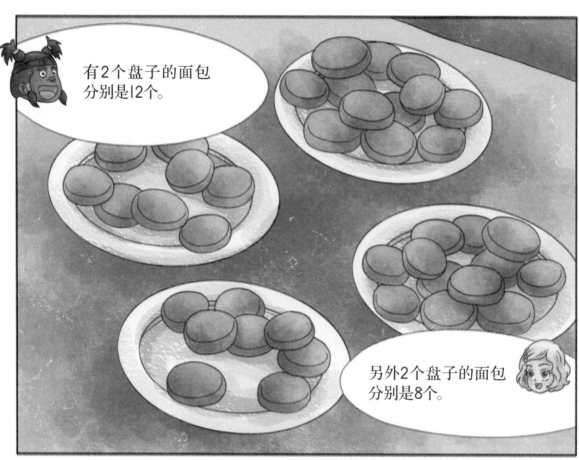

有2个盘子的面包分别是12个。

另外2个盘子的面包分别是8个。

没有平均分配啊。

那么从12个面包的2个盘子中分别拿出2个面包就行啦。

所以分别将2个面包放在8个面包的盘子里。

唔⋯⋯我来看看。

现在每个盘子都是10个面包了!

父亲,我们可以吃了吗?

当然了。

哇

啊

原来把40个面包分到4个盘子里，每个盘子里有10个面包啊！

狼吞虎咽

用除法算式计算的话，40个……

除法算式？那是什么？

等你把面包吃完再告诉你。

嗯！

啊，臭小子！

爸爸，怎么了？

你这小子是不是偷偷藏起了一个面包？

这是我的！

那一共有41个面包啊。

所以平均分开后还剩下一个吗？

嗯，均分后有可能剩下。

好复杂。

如果解释40÷4=10的话……

40个毛兹面包平均放入4个盘子里，

每个盘子各有10个面包。

还觉得很难吗？

唔，有点儿……

我也觉得难……

多练几次就会熟悉除法啦。

可是你们,打算什么时候吃面包啊?

就是说嘛!

是觉得面包不好吃吗?

没有!

我开吃啦!

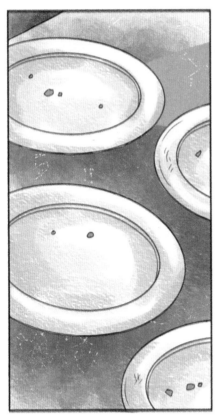

孩子们,吃完面包了吗?

吃完啦!

我刚才解读到了新的内容。

智慧之星?

《光明之书》出现的内容是关于智慧之星的使用方法。

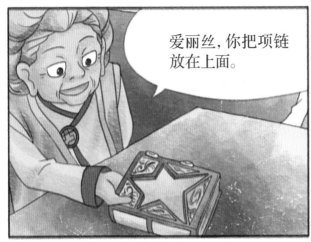

爱丽丝,你把项链放在上面。

啊! 变颜色了!

这样一来，碎片就转移到了项链里面。

所以就可以用装有碎片的项链施展魔法。

要怎么做?

当碎片转移到项链中，

《光明之书》会告诉我们接下来该怎么做。

利威尔格

利威尔格……

啊!

魔法棒的颜色变了!

嗡嗡

哎呀,原来收集碎片能激活项链。

没错,现在可以通过咒语用项链施展魔法了。

而且不同碎片能施展的魔法也不同。

居然能施展魔法!好开心!

数和运算的碎片 能使机器或武器运转得更快速。

嗯! 我会好好保护好项链的。

这个魔法太棒了。

以后你一定要戴好项链。碎片收集得越多, 项链的力量越强大。

你在爱丽丝身边,

一定要看好项链, 不要丢了。

好, 我会一直守护在爱丽丝左右。

以后还会发生更多危险的事情。

到那时就用它吧。

是水晶珠!

这是什么?

彼此分开时, 可以用水晶珠互相联络。

我再说一遍，你们两个……

一定不要分开。

好，现在该回奥尼斯了。

还要寻找第三块碎片。

嗯，我们得尽快回到沃尔特叔叔身边。

还有李安和爱丽丝,

我给你们的东西有好好保管吧?

您说的是魔法粉吗?

魔法香水也在呢。

很好,乖孩子。

你们身上肩负着大陆的未来。

奥托托领主,

魔法车消失了。

是,我们一定会找到智慧之星!

我来打开传送门。那么——

奥托托领主,等一下!

帕维尔,拿着这个!

啊……

到了奥尼斯以后分给大家吃,要注意身体……

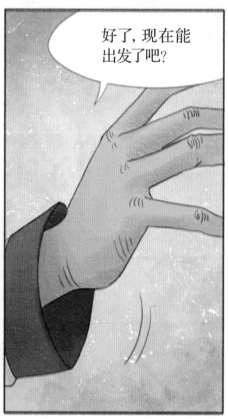

好了,现在能出发了吧?

啊……这是哪里？

我撞到头了！

孩子们！

啊, 沃尔特叔叔!

叔叔,您现在好了吗?

当然!

叔叔,我们找到第二块碎片了!

好,你们都很棒!

我们还带来了超级美味的面包!

是我父亲给的毛兹面包!

那大家一起吃吧,你们都饿了吧。

好!

这次有16个毛兹面包。

好少!

哪里少了? 我们一起分着吃就好啦!

对啊, 一起分着吃吧。

那我来分!

你会分吗?

当然啦!

一共有几个盘子?

一共有4个盘子。

面包有16个, 盘子有4个,

所以16÷4就行啦。

那是几个?

啊, 是4个!

每个盘子里放4个面包!

爱丽丝,你会用除法了!

嗯,我现在会用除法啦!

我的除法也很好!

嗯,你们两个都很棒!

对了,我有话要对你们说。

魔法学校邀请了你们。

嗯?

我们学校吗? 为什么?

学校想庆祝你们来到奥尼斯。

他们送来了邀请函和礼物。

这是什么?

啊!

好像是扇子?

那是魔法扇。

魔法扇吗?

魔法扇? 用扇子施展魔法吗?

这个嘛……

这些扇子还有其他用途,以后你们就会知道的。

一共有12把扇子呢!

每个人几把呢?

你们分一下吧。

刚才分面包的时候,我按照4个分的。

如果每个人4把扇子,能分给几个人呢?

那就是4个一组来分……

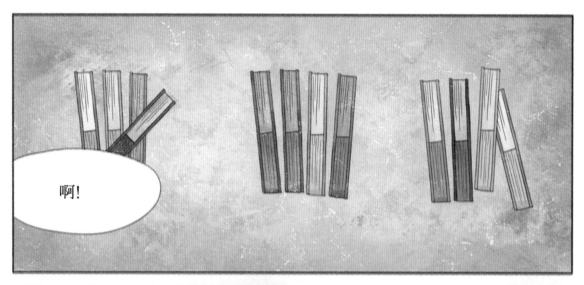

啊!

这样只能分给3个人!

是啊,这样分不行。

我们一共有几个人? l, 2……

不用算上我,我不需要扇子。

我,李安哥哥,菲利普哥哥,帕维尔哥哥,诺米姐姐,吉利姐姐……

一共有6个人!

那要几把扇子一组能分给6个人呢?

你可以减少一下分给每个人的个数试试。

啊! 如果2把一组, 就能平均分给6个人!

爱丽丝, 你能用除法算式表达出来吗?

我能做到, 就是12÷2=6!

噢, 没错, 你做得很棒!

可是我觉得除法的过程还是很难。

是吗? 除法的过程也可以用其他方式来表示。

可以用减法。

啊, 我知道了!

看, 是这样吧?

$$12-2-2-2-2-2-2=0$$

是啊, 想变成0, 要从12中减6次2, 所以结果是6。

可是我觉得有点儿奇怪……

哪里奇怪?

每个数都能这样平均分开吗?

不是的,不是都能平均分的。

你想一想,把12个面包按照5个1份来分,分2份的话是几个面包?

5个1份,2份是10个……啊! 还剩下2个面包。所以不是所有数总能平均分开。

没错。

孩子们，时间过去很久了，
快点儿去魔法学校吧。

啊，是！

我们先走啦！

经过了这次冒险，孩子们都
长大了……

# 2. 魔法学校的派对

奥尼斯的魔法学校原来是这样啊?

啊，老师！

菲利普，欢迎你！

啊，您好！

您好！

啊，公主殿下，您好吗？

李安你好吗？

吉利姐姐，老师长得很帅吧？

这个嘛。

谢谢您的邀请!

没什么, 没什么啦。
大家都去大厅吧。

给大家准备了美味
的蔬菜蛋糕。

我好撑, 不想再吃了。

也许见到了蔬菜蛋糕你的
想法就会改变哟?

哇! 好漂亮的蔬菜蛋糕!

果然精灵们都喜欢蔬菜蛋糕……

我要全部吃光!

我可不能输给你!

我也是!

啊! 已经都吃光了!

已经没有蔬菜蛋糕了。

不要! 再分给我一些吧!

还有蔬菜蛋糕吗?

这么快就吃完了?

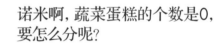

诺米啊, 蔬菜蛋糕的个数是0, 要怎么分呢?

啊······

李安哥哥, 0不能平分吗?

0当然不能平分!

为什么?

我们是6个人……0÷6的商是多少?

唔……唔……

商是6!

怎么会是6?

看一下这个盘子,帕维尔。

盘子里一块蔬菜蛋糕都没有,不能分给大家吃,

所以,每个人都吃不到蛋糕。

啊,所以商是0啊。

那么0除以任何数……

结果都是0吗?

是啊。

除以10也是0吗?

嗯。

除以100也是0?

没错。

除以1000也是0?

除以再大的数,结果也是0。

那么除以0呢?

对啊,3÷0是多少呢?

我们来想一想3÷0的情况，也就是有3个蔬菜蛋糕，

分给0个人吃。

0个人要怎么吃蛋糕呢？

对呀，是幽灵吗？

没错，很奇怪吧！

嗯，有点儿可怕！

嗯，所以0不能作为除数。

啊……我好像有点儿理解了……

孩子们，吃完了蛋糕我们去操场

玩游戏怎么样？

啊! 游戏! 我们快去吧!

老师, 我能和诺米去散步吗?

唔, 当然可以。那边有美丽的庭院, 你们可以去看看。

其他人去户外训练场集合!

我就在这里了。

玩什么游戏呢?

首先我们来玩装魔法铃铛的游戏。

魔法铃铛?

那是什么?

啊，那好像就是
魔法铃铛。

没错，这里一共有24个
魔法铃铛。

要在每个篮子里放入相同数量的
魔法铃铛。

相同数量？

那是几个呢？

爱丽丝，你能计算出来吗？

一共有24个魔法铃铛，4个篮子……

也就是24÷4=6。

没错，公主殿下。

每个篮子里要放入6个魔法铃铛。

很好，爱丽丝。

那怎么才算赢?

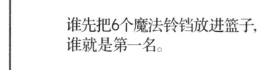

谁先把6个魔法铃铛放进篮子,
谁就是第一名。

哇,一定很好玩!

好,所有人准备……

是吧? 公主殿下。

嗯,我们快开始吧!

开始!

呜呜呜，铃铛总是飞走！

所以才叫魔法铃铛。

好像游戏里的铃铛。

哎地

该死，好难抓住铃铛啊！

什么嘛，菲利普已经……

我完成了。

什么? 这么快?

是的, 老师!

1, 2, 3……

6! 真的呢!

菲利普哥哥, 你好厉害!

我只抓到了一个!

我只抓到了3个……

啊……我才2个。

6个太难了!

篮子里只放4个不行吗?

当然不行。

为什么?

我们一共4个人，把24平分给4个人就是6。

也就是说，每个篮子一定要放入6个。

是不是觉得除数和商很难?

嗯，再为我讲一遍吧。

好，关于24÷4=6。

啊! 还是感觉除法好难。

总之菲利普是第一名。

那倒是。

我从小就玩魔法铃铛游戏,

才能这么快。

大家别灰心。

还有别的游戏呢。

是吗?

那就是赛跑!

可是……我要和哥哥们比赛吗?

啊……

我也觉得有点儿难! 我们的身高差距太大了!

也对。

那么李安和菲利普, 你们两个赛跑怎么样?

我没问题!

我也是。

他们赛跑我们做什么?

我有一个好主意。

我们来制作终点线吧。

用彩带!

好主意,公主殿下。

终点线? 那是什么?

我们用彩带来装饰赛跑终点线。

最先抵达终点的人用
身体冲破彩带。

啊⋯⋯

孩子们!

诺米姐姐, 吉利姐姐!

你们在做什么?

李安哥哥和菲利普哥哥要比赛跑步。

是吗? 一定很有意思。

帕维尔哥哥和我打算装饰一下终点线。

我有个更好的办法。

彩带的颜色有4种, 那我们做4个怎么样?

啊······

可是要剪多长呢?

彩带的长度8m, 颜色有4种······

8÷4的话······

8÷4=2

各剪2m就行啦!

你们能量出2m吗?

当然! 我来负责量吧!

抚摸

抚摸

哇! 剪了4条2m长的彩带。

啊，好漂亮!

比赛什么时候开始?

啊，现在开始吧。

你们去那边标记有200m的地方。

好!

好的，各就各位! 准备!

你要给谁加油？

加油？这个……

爱丽丝，只有李安和菲利普两个人赛跑吗？

嗯，只有他们两个。

我希望李安能赢……

为什么？

不为什么……

谁赢好呢……

就是说呢?

哎哟, 算了!

李安、菲利普,
准备好了吗?

好, 那么准备……

开始!

跑步我不可能输!

一定要赢!

呀, 李安!

李安，你跑得真快。你赢了！

谢谢，我只是运气好。

大家很开心吗？

啊，纳姆特！

你去哪儿了？
一直在大厅吗？

我到处转了转。啊，肚子好饿，有吃的吗？

我这里有吃的。

啊,对了,吉利姐姐和我……

在树林的庭院里捡了些这个!

哇,好漂亮。这些是什么?

奥尼斯树莓。

奥尼斯的树莓非常有名。

看它们的样子,一定也很好吃吧?

正想吃水果呢,谢谢诺米和吉利姐姐!

没什么啦,李安……

这里一共有多少个树莓呢?

拿出来数数?

1, 2, 3,

4……

48个?

哥哥! 我先数的!

你数得太慢了。

那你怎么能数这么快呢?

唔,也没什么大不了的啦……

树莓每行有8个,

一共有6行……

啊,所以就是8×6=48!

这么算很简单吧?

嘻嘻……

嗯！很简单！

不过，你们知道乘法和除法的关系吗？

不知道，那是什么？

看一下式子就知道了。

式子？

是啊，我们来想一想。

现在的树莓是8×6=48，有48个。

所以，48可以被8和6除。

是的，

也就是48÷6=8或者48÷8=6。

啊，除法算式和乘法算式的数字是一样的。

只是顺序不同……

真的呢，只是顺序不同……

乘法反过来是除法，除法反过来是乘法。

啊，原来是这样。

所以现在是不是可以吃树莓了?

没错,孩子们,趁树莓还新鲜的时候赶快吃吧!

是不是应该平分一下? 在场的所有人,加上机器人一共……

纳姆特也吃树莓吗?

我虽然不吃!

可是我看树莓很漂亮,想用来收藏!

那么有几个人呢?

包括老师一共有8人……

等一下!

我知道。每个人分6个!

对,没错。

我来分给大家。

李安哥哥, 如果我们有6个人……

那么每个人能分8个树莓吗?

是啊。

我数了下，现在剩下的树莓有32个。

树莓太好吃了！大家都吃得很快。

如果把现有的树莓分给大家，

每个人有几个树莓呢？

啊，所以说……

我知道，4个！

噢，答对了！

乘法和除法你都考虑到了吧?

当然了。

32除以8得4，4×8=32，32÷8=4。

没错!

吉利姐姐，爱丽丝和帕维尔学东西很快，对吧?

真的很快。

公主殿下, 我们天黑之前要回去吧?

不能继续玩吗?

啊, 这样……

爱丽丝, 我们得回去了。

对啊, 大人们会担心的。

你们先走吧! 我和爱丽丝一会儿再回去!

没关系啦, 纳姆特, 我现在也感觉有点儿困了……

好的, 那我们回去吧。老师, 谢谢您。

对, 今天很开心, 下次再邀请我们来玩儿吧!

随时欢迎你们, 公主殿下, 再见!

好的, 老师, 我们下次再来玩儿!

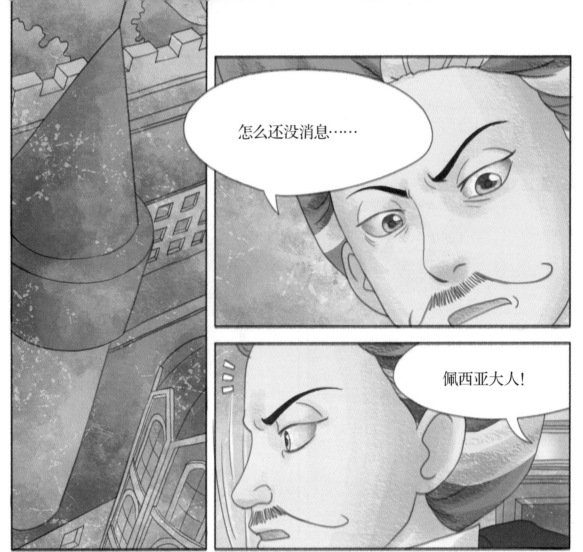

孩子们的事情办得怎么样?

您不用担心。

我派出了小巧强大的蜜蜂怪。

蜜蜂怪……

也许它们能办好这件事!

# 3. 蜜蜂怪的袭击

爱丽丝，你现在会除法了吗？

唔……

怎么你现在还没理解除法吗？

倒是能明白……

可是我现在乘法都不太会，又要学除法……

其实我也是！

你现在还不太会乘法?

哼……嗯……

怎么办才好呢?

我都讲解过了,怎么还是不懂呢?

哼! 真对不起! 我不懂!

没办法!

正好天色暗下来了。

爱丽丝,

看天空!

我不要!

怎么啦, 爱丽丝?

怎么会不知道?

9×9当然是81啦!

哇!

爱丽丝,你太厉害了。刚才对不起。

嘻嘻,没关系!

下次我不会再乱发脾气了……

哥哥,怎么了?

啊,那是什么?

是怪物!

那是什么东西……既不是昆虫……也不是鸟……

如果是怪物的话就要和它们战斗。来,上吧!

那是当然!

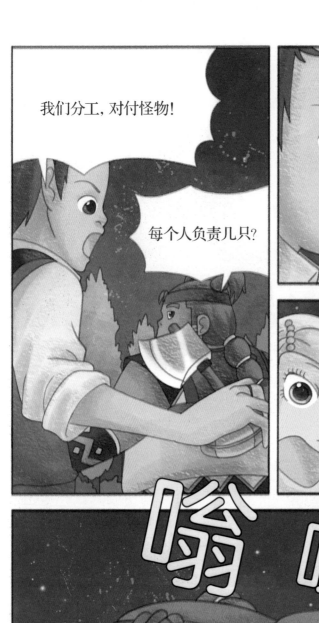

我们分工，对付怪物!

每个人负责几只?

啊，这样的话……

几只啊!

不是有九九乘法表吗?!

啊，对呀!

7，是7！每人7只怪物！

知道了！

每人负责7只怪物就行！
因为我们一共有5个人！

那不重要……

砰！！

重要的是能不能抓住它们。

怪物太多了……

爱丽丝和纳姆特要不要也加入到战斗中……

啊，爱丽丝！

嗯？

你后面！

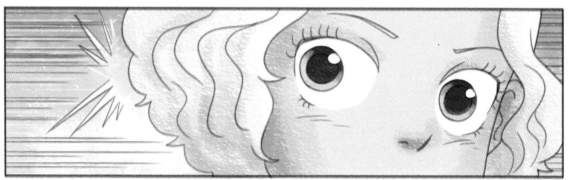

要快点儿找到武器!

!

啊! 魔法粉!

噗 噗噗

嗯? 不该是这样啊……

爱丽丝,

用扇子吹魔法粉!

嗯? 扇子?

扇子在哪儿呢?

啊, 我有两把扇子!

快点儿快点儿……

呀!

嗖地

嗖地

怪物们!

哼! 就凭你!

我来帮你!

我也来了!

怪物们! 魔法粉来了!

魔法扇之风!

孩子们, 快看!

怎么处理它们?

孩子们!

啊, 沃尔特叔叔!

怪物们又出现了吗?

对——

我们不知道如何处理它们。

幸好我拿了个箱子。

这是什么?

怪物箱。

怪物箱是什么?

把怪物放在箱子里,一个月以后,它们就会变得温顺。

它们会变成善良听话的昆虫。

可是箱子怎么打不开呢?

因为不是靠力气打开的。

是这样吗?

那个……

我也是不久前才收到的怪物箱……

哼！你以为我们会坐以待毙吗？

它们醒了！

我们再次醒来时，

会比之前更强。

要赶快把它们放进箱子里……

啊!

怎么了?

我在箱子上撒了一些魔法粉……

出现了这样的字迹。

写出放入这个箱子里的怪物除以5的除法竖式。

竖式?

啊……

写出竖式的话就会打开吗?

我来写! 谁有笔?

我有!

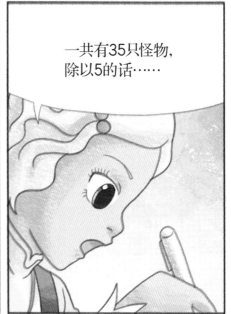

一共有35只怪物, 除以5的话……

爱丽丝!

等一下!

写出把人关入六个箱子里的 密码的话就以5的倍数来写。

35÷5=7

用力

打开吧, 箱子!

嗯? 为什么打不开……

爱丽丝, 不是说了写除法的竖式嘛。

竖式?
和我写的有区别吗?

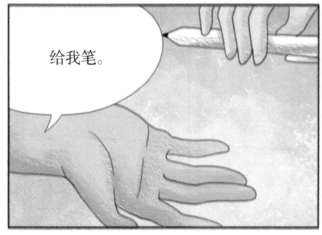

给我笔。

除法竖式的话……

不要!

你也不行!

啊

啊

看,都写好了。这是竖式。

啊,原来这是竖式。

竖着列出除法啊。

写除法竖式要用" $\overline{)}$ "的标记。

除数放在" $\overline{)}$ "的左侧。

被除数35放在" $\overline{)}$ "的里面。

所以应该写成 $5\overline{)35}$ 。那么商写在哪儿呢? 上面吗?

没错。

$$35 \div 5 = 7 \Rightarrow \quad 5\overline{)35}\,^{7 \leftarrow 商}$$

除数 ← 被除数 商

嗯, 写商的时候一定要注意位置。

位置没对齐, 会得出错误的答案。

横着列除法算式和竖着列除法算式不一样。

所以要多加练习。

孩子们, 怪物们又醒了!

我们快点儿打开箱子。

我可以打开吗?

嗯, 很好!

打开了!

好厉害。

这次你们又一次成功了。

真的太厉害了!

是吧,李安?

《光明之书》好像在告诉我们什么。

啊?

《光明之书》！

前往芙路亚森林，让金星绽放光芒。

是第三块碎片的位置吗？

好像不是第三块碎片。

这次是哪里？

上面写了什么内容?

前往芙路亚森林,让金星绽放光芒……

芙路亚森林?

《光明之书》是在指引我们吗?

那我们先去芙路亚森林吧!

我们需要你的帮助,吉利。

好。

又失败了……

……我们很惭愧。

连小孩子都赢不了……

你们还敢说自己是魔法师吗?

可是他们也会魔法!

沃尔特……

是!

太吵了! 快追上他们。

这次一定要……

抓住李安和爱丽丝……

你们一定要把那两个孩子带到我面前!

我西鲁克, 誓死完成任务!

# 了解除法的意义（1）

## 漫画中的数学故事

帕维尔的父亲带来了美味的毛兹面包。
要把40个毛兹面包平均放在4个盘子里，
在这个过程中大家学习了除法。

把40个毛兹面包平均放进4个盘子，每个盘子里要放10个面包。

## 知识点

40除以4是10。

$$40 \div 4 = 10$$

40÷4=10这种算式叫除法算式。

10是40除以4的商，40是被除数，4是除数。

**找出除法算式8÷2=4中4的名称。**

① 除数　② 被除数　③ 商

---

练习01-1　**关于除法算式12÷4=3，以下哪个选项的描述是正确的?**

①从12个苹果中拿出4个，还剩3个。

②每12个苹果一组，一共4组的话，苹果一共有3箱。

③将12个苹果平均分给4个人，每个人分到3个苹果。

④将12个苹果平均分给4个人后，还剩下3个苹果。

练习01-2　**请找出能填入☆和○中的2个数字。**

将24支笔平均分给☆人，每人可以获得○支笔。

① 5，4　　　② 6，4　　　③ 7，3　　　④ 8，3

**2** 除法基础

# 了解除法的意义（2）

## 漫画中的数学故事

爱丽丝想把12把扇子平均分开，她尝试了每人分4把和每人分2把这两种方式。

啊! 如果2把一组，就能平均分给6个人!

爱丽丝，你能用除法算式表达出来吗?

我能做到，就是12÷2=6!

噢，没错，你做的很棒!

看，是这样吧?

12-2-2-2-2-2-2=0

是啊，想变成0，要从12中减6次2，所以结果是6。

12把魔法扇每人4把的话，可以平均分给3个人；每人2把的话，可以平均分给6个人。

## 知识点

从12中减6次2的结果就是0。
用除法来表达则是12÷2=6。
12-2-2-2-2-2-2=0 ⟶ 12÷2=6

下列哪一项是填入（　　）的正确选项？

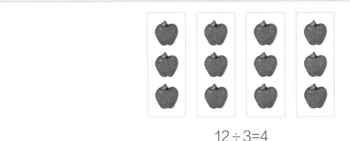

$$12 \div 3 = 4$$

将12个苹果，每次减3个，一共减4次，还剩下（　　）个苹果。

① 4　　　　② 3　　　　③ 2　　　　④ 1　　　　⑤ 0

练习02-1 将16个毛兹面包每个盘子里放4个，那么需要几个盘子？

① 3个　　　② 4个　　　③ 5个　　　④ 6个　　　⑤ 7个

练习02-2 请根据图片描述合适的情景，列出除法算式。

 情景

式子

## 除法基础

# 理解0÷（0以外的任何数）的结果都是0

## 漫画中的数学故事

如果一个蔬菜蛋糕都没有了，就没办法分着吃，每个人都吃不到蔬菜蛋糕，所以商是0。

但是有3个蔬菜蛋糕，想分给0个人的话，这种情况是无法计算的。

0除以0以外的任何数，结果都是0，0以外的任何数除以0是无法计算的。

## 知识点

★是0以外的数时，0÷★=0，★÷0无法计算。

有0袋牛奶，想要平均分给2个人的话，每个人能喝几袋?

①0袋     ②1袋     ③2袋     ④3袋     ⑤4袋

**练习03-1** 虫宝宝7天一共爬了0厘米，那么虫宝宝每天爬多少厘米呢?

①9厘米     ②7厘米     ③3厘米     ④1厘米     ⑤0厘米

**练习03-2** 请找出下列解题过程中正确的选项。

李安、爱丽丝和菲利普想要平分苹果吃。如果一共有0个苹果，每个人能吃到几个苹果?

①把苹果平分给3人的话，每个人能分到1个苹果。

②由于1个苹果都没有，所以每个人吃到的苹果个数是0。

③把3个苹果分给0人的话，每个人能吃到3个苹果。

# 4 除法基础

# 认识商的意义

## 漫画中的数学故事

爱丽丝、菲利普、帕维尔和李安要把24个魔法铃铛平均放进4个篮子里，他们正在比赛看谁先完成。

啊，那好像就是魔法铃铛。

没错，这里一共有24个魔法铃铛。

意思就是24除以4，商是6。

24是被除数，4是除数，

得出的结果6是商。

所以说，我们有4个人，

商是6，也就是每个人要放进篮子里6个铃铛。

我们拿的篮子有4个，就是除数。

是啊，现在理解了吧？

24除以4的商是6，所以每个篮子里要放入6个魔法铃铛。

## 知识点

24÷4=6 的意义：

①把24个魔法铃铛每4个放进1个篮子里，需要6个篮子。

②把24个魔法铃铛平均放入4个篮子里，每个篮子需要放入6个魔法铃铛。

看图回答问题。

(1) 如果每个盘子里放入2根胡萝卜，一共需要几个盘子？

_____ 个

(2) 把胡萝卜平均放入2个盘子中，那么每个盘子需要放入几根胡萝卜？

_____ 根

练习04-1 ▸ **以下哪个选项能放入"□"中？**

· 有一座长45m的桥，每隔5m有一个电灯，那么一共有 □ 个电灯。（桥头没有安装电灯）

· 把27cm长的彩带截成9片时，每片是 □ 。

① 9个，3cm    ② 9m，3cm    ③ 9个，3个

④ 10cm，3片    ⑤ 10cm，5片

练习04-2 ▸ **以下选项中哪一项列出的除法算式与示例的除法算式相同？**

示例

有12本作业本，如果平分给3个人，每个人分到几本作业本？

① 有12个橘子，每4个1组放入盘子里，需要几个盘子？

② 一共有12名学生，每组有6人的话，一共需要几组？

③ 有12支铅笔，每个人分到4支铅笔，那么可以分给几个人？

④ 有12个橡皮，平分给3人的话，每个人有几个橡皮？

## 5 除法基础

# 理解乘法与除法的关系

### 漫画中的数学故事

每行有6个奥尼斯树莓，一共有8行，所以一共有48个树莓。大家正在根据奥尼斯树莓了解乘法与除法的关系。

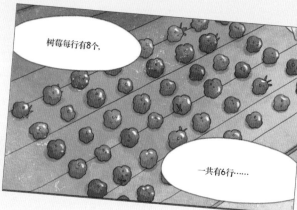

树莓每行有8个。

一共有6行……

现在的树莓是8×6=48，有48个。

所以，48可以被8和6除。

是的，

也就是48÷6=8或者48÷8=6。

啊，除法算式和乘法算式的数字是一样的。

只是顺序不同……

真的呢，只是顺序不同……

乘法反过来是除法，除法反过来是乘法。

啊，原来是这样。

6×8=48，把48个树莓平分给8个人，每个人分得6个；把树莓平分给6个人，每个人分得8个。

### 知识点

| 根据乘法算式列出除法算式 | 根据除法算式列出乘法算式 |
|---|---|
| 8×6=48 → 48÷6=8 / 48÷8=6 | 48÷8=6 → 6×8=48 / 8×6=48 |

练习 06 下列哪一个数能放入 "□" 中?

⟹ □ ×6＝30↔30÷6＝ □

①2　　②3　　③4　　④5　　⑤6

_____

练习06-1 请根据右侧的九九乘法表求出42÷6的商。

 42÷6的商怎么求?
看来要去九九乘法
表里找答案。

| × | 0 | 1 | 2 | 3 | 4 | 5 | 6 | 7 | 8 | 9 |
|---|---|---|---|---|---|---|---|---|---|---|
| 0 | 0 | 0 | 0 | 0 | 0 | 0 | 0 | 0 | 0 | 0 |
| 1 | 0 | 1 | 2 | 3 | 4 | 5 | 6 | 7 | 8 | 9 |
| 2 | 0 | 2 | 4 | 6 | 8 | 10 | 12 | 14 | 16 | 18 |
| 3 | 0 | 3 | 6 | 9 | 12 | 15 | 18 | 21 | 24 | 27 |
| 4 | 0 | 4 | 8 | 12 | 16 | 20 | 24 | 28 | 32 | 36 |
| 5 | 0 | 5 | 10 | 15 | 20 | 25 | 30 | 35 | 40 | 45 |
| 6 | 0 | 6 | 12 | 18 | 24 | 30 | 36 | 42 | 48 | 54 |
| 7 | 0 | 7 | 14 | 21 | 28 | 35 | 42 | 49 | 56 | 63 |
| 8 | 0 | 8 | 16 | 24 | 32 | 40 | 48 | 56 | 64 | 72 |
| 9 | 0 | 9 | 18 | 27 | 36 | 45 | 54 | 63 | 72 | 81 |

练习06-2 有35个草莓，想要平分给5个人。以下哪个人的说法是错误的?

爱丽丝：去5的乘法口诀表中寻找5和谁相乘得35就行啦。

纳姆特：去九九乘法表中找出乘积是35的数就行啦。

李安：把35个草莓分成5个1组的话，可以分给7个人。

帕维尔：5的乘法口诀表中5×7=35，所以35÷5=7。

# 7 列出除法竖式

## 漫画中的数学故事

为了把蜜蜂怪收进箱子里，需要列出除法竖式。爱丽丝写错了竖式，没能打开箱子。

一共有35只怪物，除以5的话……

⭐ 列除法竖式时，要写对被除数、除数和商的位置。

写除法竖式要用"⌐"的标记。

除数放在"⌐"的左侧。

被除数35放在"⌐"的里面。

所以应该写成 5)3 5 。那么商写在哪儿呢？上面吗？

没错。

$$35÷5=7 \Rightarrow 5\overline{)3\ 5}$$

嗯，写商的时候一定要注意位置。

位置没对齐，会得出错误的答案。

横着列除法算式和竖着列除法算式不一样。

所以要多加练习。

## 知识点

### 列出除法竖式的方法

被除数：35 除数：5 商：7

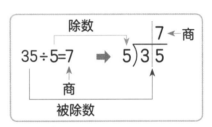

$$5\overline{)3\ 5}^{\ 7}$$

除数 → 商
$$35÷5=7 \Rightarrow 5\overline{)3\ 5}^{\ 7}$$
商
被除数

## 练习 07 以下哪一个数能填入"□"中?

$21 \div 3 = 7$ ➡ $\begin{array}{r} 7 \\ \square\overline{)21} \end{array}$

①2　　②3　　③7　　④21

**练习07-1** 下列选项中哪一项是正确的除法竖式?

$24 \div 4$

① $\begin{array}{r} 4 \\ 4\overline{)24} \end{array}$　　② $\begin{array}{r} 4 \\ 4\overline{)24} \end{array}$　　③ $\begin{array}{r} 6 \\ 4\overline{)24} \end{array}$　　④ $\begin{array}{r} 6 \\ 4\overline{)24} \end{array}$

**练习07-2** 关于图中的竖式，下列选项中哪一项的说法是正确的?

$\begin{array}{r} 7 \\ 3\overline{)21} \end{array}$

①除法算式是横向计算的。

②21除以7的商是3，所以计算正确。

③2无法除以3，所以商7应该放在个位数的位置。

④列竖式时，商只能放在个位数上。

# 认识商的意义

问题　爱丽丝想把魔法珠平分给朋友们。如果每个朋友分5个，则剩下4个；每个朋友分6个，则正好分完。请求出爱丽丝共有多少个魔法珠。（注意，爱丽丝的魔法珠少于50个）

来猜一猜我到底有多少个魔法珠吧。

# 理解乘法与除法的关系

问题 阅读下列对话回答问题。

> 沃尔特：我买了草莓。
>
> 李　安：那平均放在每个人的盘子里吧。
>
> 爱丽丝：怎么分？
>
> 诺　米：首先我们数一数一共有多少个草莓。<u>1行6个，一共4行，所以是24个。</u>
>
> 爱丽丝：我们有4个人，把24个草莓放在4个盘子里，应该能平分吧？
>
> 李　安：利用乘法就能求出答案。
>
> 爱丽丝：找出乘法式，用除法式表达的话就是24÷4=★。所以每个盘子里应该放入★个草莓。
>
> 李　安：我明天也想吃草莓，能留出4个吗？
>
> 诺　米：是吗？那么从24个中拿出4个，还剩下20个，平分到4个盘子里。
>
> 爱丽丝：$4 \times 1 = 4$，$4 \times 2 = 8$，……，$a = 20$，
>
> 　　　　用除法式表示的话是$b$。
>
> 　　　　每个盘子里应该放入◆个。

1　请根据画线部分写出相应的乘法式。

2　求出★的数字。

3　请完成$a$中的乘法算式。

4　请完成$b$中的除法算式。

5　请求出◆中的数字。

# 理解乘法与除法的关系

问题 请回答下列问题。

1 使用图示的数字卡片求（两位数）÷7的商时，请找出最大的商与最小的商之和。

2 能用下列给出的数字卡片完成几个乘法式和除法式，请求出答案。

（一个式子不能用同一个数字）

↑

# 笔记

**图书在版编目（CIP）数据**

李安的数学冒险. 除法基础 / 韩国唯读传媒著；邢青青译. -- 南昌：江西高校出版社, 2022.11
ISBN 978-7-5762-2596-9

Ⅰ.①李… Ⅱ.①韩… ②邢… Ⅲ.①数学 - 少儿读物 Ⅳ.①O1-49

中国版本图书馆CIP数据核字(2022)第052753号

版权合同登记号：14-2021-0153

策划编辑：刘　童
责任编辑：刘　童
美术编辑：龙洁平
责任印制：陈　全

出版发行　江西高校出版社
社　　　址：南昌市洪都北大道96号（330046）
网　　　址：www.juacp.com
读者热线：(010)64460237
销售电话：(010)64461648

印　　刷：北京印匠彩色印刷有限公司
开　　本：787 mm×1092 mm　1/16
印　　张：10.5
字　　数：150千字
版　　次：2022年11月第1版
印　　次：2022年11月第1次印刷
书　　号：ISBN 978-7-5762-2596-9
定　　价：35.00元

赣版权登字-07-2022-312　版权所有　侵权必究